筑境

中国精致建筑100

古城平遥

宋昆 张玉坤 撰文摄影

中国建筑工业出版社

出版说明

中国是一个地大物博、历史悠久的文明古国。自历史的脚步迈入新世纪大门以来,她越来越成为世人瞩目的焦点,正不断向世人绽放她历史上曾具有的魅力和光辉异彩。当代中国的经济腾飞、古代中国的文化瑰宝,都已成了世人热衷研究和深入了解的课题。

作为国家级科技出版单位——中国建筑工业出版社60年来始终以弘扬和传承中华民族优秀的建筑文化,推动和传播中国建筑技术进步与发展,向世界介绍和展示中国从古至今的建设成就为己任,并用行动践行着"弘扬中华文化,增强中华文化国际影响力"的使命。从20世纪80年代开始,中国建筑工业出版社就非常重视与海内外同仁进行建筑文化交流与合作,并策划、组织编撰、出版了一系列反映我中华传统建筑风貌的学术画册和学术著作,并在海内外产生了重大影响。

"中国精致建筑100"是中国建筑工业出版社与台湾锦绣出版事业股份有限公司策划,由中国建筑工业出版社组织国内百余位专家学者和摄影专家不惮繁杂,对遍布全国有历史意义的、有代表性的传统建筑进行认真考察和潜心研究,并按建筑思想、建筑元素、宫殿建筑、礼制建筑、宗教建筑、古城镇、古村落、民居建筑、陵墓建筑、园林建筑、书院与会馆等建筑专题与类别,历经数年系统科学地梳理、编撰而成。本套图书按专题分册,就其历史背景、建筑风格、建筑特征、建筑文化,结合精美图照和线图撰写。全套100册、文约200万字、图照6000余幅。

这套图书内容精练、文字通俗、图文并茂、设计考究,是适合海内外读者轻松阅读、便于携带的专业与文化并蓄的普及性读物。目的是让更多的热爱中华文化的人,更全面地欣赏和认识中国传统建筑特有的丰姿、独特的设计手法、精湛的建造技艺,及其绝妙的细部处理,并为世界建筑界记录下可资回味的建筑文化遗产,为海内外读者打开一扇建筑知识和艺术的大门。

这套图书将以中、英文两种文版推出,可供广大中外古建筑之研究者、爱好者、旅游者阅读和珍藏。

目录

古城平遥

平遥县位于山西省晋中地区南部，东连祁县，北接文水，西临汾阳，南靠沁源，西南与介休接壤，东南与武乡、沁县毗邻。汾河斜贯县境西北，山环水绕、人杰地灵。

平遥始称"古陶"，县城附近相传为帝尧的封地，春秋时代为晋国古邑，战国时为赵地。秦始皇统一中国后，废封国，立郡县，在文水县境内置县平陶。西汉时又在现境内置京陵、中都二县；经三国、两晋，北魏时中都县迁至榆次县境，移平陶县至此地。后因避太武帝拓跋焘名讳（"焘"音同"陶"），改称平遥县，京陵县废至平遥，遂成现在的建制，至今已有1500余年的历史。

图0-1 平遥城址图
平遥城位于晋中平原，地势较平坦，但在选址上仍然考虑到周围的环境因素，依山傍水，交通便利。超山为城之靠山，中都河从城旁蜿蜒流过，构成平遥城完整的风水格局。（摘自清光绪年间的《平遥县志》）

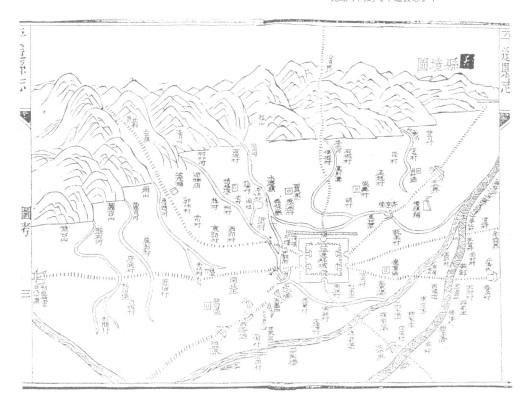

一、龟寿之城

筑境 中国精致建筑100

平遥建城的历史，据史书记载可追溯至西周时期。当时，周王朝的镐京（今陕西西安市长安区）经常受到猃狁人的威胁，周宣王派将尹吉甫（四川泸县人）率兵伐猃，将狁人击退至晋中以北，相传平遥城为尹吉甫伐猃所筑。据清康熙年间的《平遥县志》记载："晋城狭小，东西二面俱低，周宣王时尹吉甫北伐猃狁驻兵于此，筑西北二面。"此为古城最早的建造记载，距今已逾两千余年，当时城址的确切位置已不可考。相传尹吉甫死后葬于古城上东门外，现存尹吉甫墓遗址，明初加封土，立碑于墓前，建亭堂四楹，现仅有碑两座，亭已不存。明代重筑平遥城墙时，为纪念尹吉甫，在东城墙上筑高庙（称高真庙，相传唐时高真人下凡于此，现庙已不存）和尹吉甫将台。在古城上东门内尚存尹吉甫庙。据庙内石碣记，此庙创建于宋宣和年间，现有正殿一间，东西窑各三间，正殿内塑有尹吉甫坐像。

图1-1 尹吉甫墓

平遥城上东门外，有尹吉甫墓遗址。现存一个土冢，冢前有两块墓碑。前面的墓碑为明万历二十五年（1597年）知县周之度所立，上书"周卿士尹吉甫神道"。后面的碑为民国21年（1932年）6月国民党陆军第四一二团团长章拯宇所立，上书"周卿士尹吉甫之墓"。

图1-2 尹吉甫庙

尹吉甫庙位于古城上东门内，坐北朝南。现仅存
正殿一间，东西配殿各三间。据庙内石碣记载，
此庙创建于宋宣和年间，庙前石碑为明嘉靖十三
年（1534年）立，刻有《重修尹吉甫庙碑记》。

◎筑境 中国精致建筑100

图1-3 平遥城墙外观

现状的平遥城墙始建于明洪武三年（1370年），后经明清两代多次补建和修葺，形成现在的规模。城墙于1965年被定为山西省文物保护单位，1988年被定为全国重点文物保护单位。从1980年开始动工修复，历经十三年全面整修，形成现在的壮丽景观。平遥城墙是目前国内保存最完整的古城墙之一。平遥古城已被联合国教科文组织列入世界文化遗产名录。

图1-4

城墙上的垛口与窝铺/对面页

城墙顶面铺砖，排水至内侧，顺排水沟流到城里。几个垛口之间建一座窝铺，立于向城外突出的马面之上。根据防卫上的需要，垛口用于向城下发射火力，而突出的马面则可对爬上城墙者发射侧向火力。窝铺用于士兵避风雨和贮兵器，其防御功能可谓万无一失。

明洪武年间，新王朝刚刚建立，为了稳定政局和巩固政权，在全国范围内大兴土木，修筑城池［民间称"猪（朱）打墙"］，几近空前。现存的平遥古城墙重筑于明洪武三年（1370年），以后景德、正德、嘉靖、隆庆和万历各年间，进行了十次大的补建和修葺，完善为砖石砌面，并筑瓮城，建吊桥于六门外，植树于四周护城河岸。清初，康熙皇帝西巡（康熙四十二年）路经平遥时，筑了四面大城楼，使城池更加壮观。此后，又经道光末年及咸丰、同治、光绪各时期几次大的修理，遂保存至今。平遥古城是国内现存规模较大、保存最完整的古城之一，1986年被列为全国第二批历史文化名城。

古城平面呈方形，占地约2.25平方公里，东西北三面基本为直线，"唯南面顿缩崛绂若龟状"，依中都河蜿蜒而建。城墙周长6100余米，墙身底宽9—12米，顶宽3—6米，高6—10米不等；墙内为素土夯实，外包砖石，顶

面铺砖；顺内侧墙砌有排水沟至墙下。城墙上外侧砌有高2米的垛口3000个，内有女儿墙高0.6米；每隔40—100米左右，筑有向外突出的墩台——马面，可供瞭望及发射侧射火力。在马面之上设有供士兵避风雨、贮兵器之用的小屋，称堞楼。全墙共筑有马面72个，堞楼71座（余一马面之上为魁星楼），与3000个垛口一起，据说是象征孔夫子七十二贤人和三千弟子，其中由于子路尚武，被孔子列入另册，不在贤人之列，故为71堞楼。城墙现有瓮城6座，在下东门瓮城内建有关帝庙，原有的6座城楼和4座角楼均已不存，城墙东南隅原建有魁星、文昌二阁楼，均已毁，后在原址新建一魁星楼。在东城墙上现有尹吉甫将台，但其上高庙已不存。城墙外四周有宽深各4米的护城河，沿河遍植杨柳。

平遥古城素有龟城之称，喻长生不老，固若金汤。据传古城六座城门各有象征和喻义：南门（迎薰门）为龟头，面向中都河，可

图1-5 魁星楼

按照传统观念，一般城市的东南方要建高大、醒目的标志性建筑，如文昌阁、魁星楼、文峰塔等，以达到培风脉、壮人文的目的。在平遥城东南角城墙上，原建有文昌阁和魁星楼，与城内东南方的文庙交相呼应，后皆不存。1990年，在原址上新建一座魁星楼，丰富了城墙的轮廓线景观。

a

b

图1-6 瓮城

瓮城是城门外另加的一道月城，以增强城池的防御力量。上图为上东门瓮城，与上西门、下西门一样，大城门向外正方开设，而瓮城门皆朝向南方。而下图所示东门的瓮城门则与南、北二城门一样，都朝城外正方开设。下东门瓮城内尚存一座关帝庙，权作城门守护神。

谓"龟前戏水，山水朝阳，城之修建，以此为胜"。南门外原有水井两眼，喻为龟之双目；北城门（拱极门）为龟尾，是全城最低处，城内所有积水都经此流出。东西四座瓮城两两相对，上西门（永定门）、下西门（武仪门）和上东门（太和门）的外城门向南而开，形似龟之三脚向前屈伸，唯有下东门（亲翰门）的外城门径直向东而开，据说是古人建造城池时，怕"龟"爬走，而将其左后脚拉直，并用绳索绑好，拴在距城8公里处的麓台塔上。

古代筑城作龟形，概出自远古时期以龟甲卜宅相地的滥觞，加之龟在民间信仰中为一灵物，是长寿永久的象征，以城市附会龟形，取其吉祥之意，以达良好之愿望。

古城平遥 | 龟寿之城

筑境 中国精致建筑100

二、古城穴位——金井与市楼

图2-1 原平遥城总平面图

从清光绪年间绘制的《平遥县城图》中，可以清楚地看到，整个古城以金井市楼为中心、南大街为中轴展开布局，道路系统规整平直，公共性建筑布置井然有序，是比较典型的古代城市规划格局。现状除了一些重要公建遭损不存外，整体格局基本保持原貌。整座平遥城于1986年被列为全国第二批历史文化名城。（摘自清光绪年间的《平遥县志》）

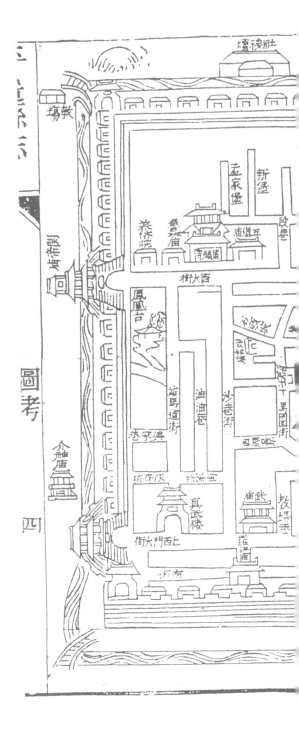

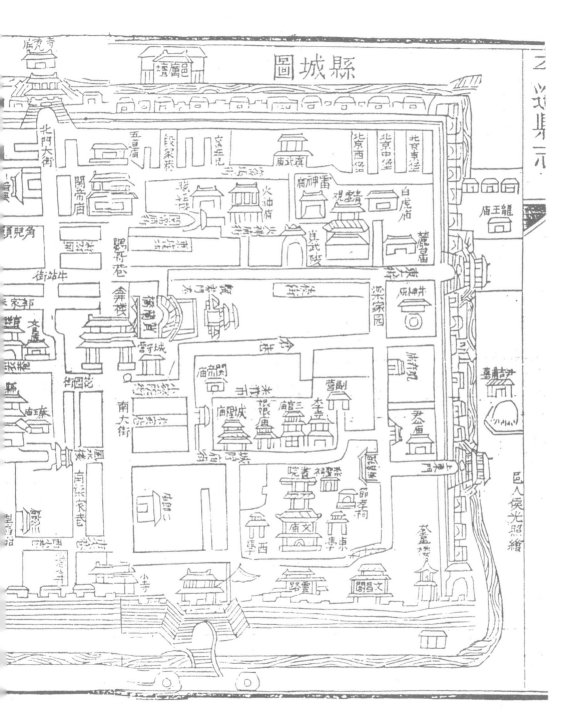

縣城圖

邑人侯光照繪

017

古城穴位——金井与市楼

筑境 中国精致建筑100

平遥古城，不仅有着古老完好的城墙，而且集古寺庙、古市楼、古街道、古店铺和古民宅于一体，构成了一个布局合理、结构完整，井然有序，气势恢宏的古文物群。统摄全城整体布局的核心是金井和市楼。

依风水择址方法确定的城市中心位置，即穴位。穴是聚气的焦点，南向为正，居中为尊，以前后照应的纵轴线为准，左右虚实对称，再组织横轴线，十字相交，谓"天心十道"，即穴位所在。定下穴位之后，尚需开挖验明地基土质和地下水质的探井，称"金井"。平遥古城的"天心十道"之处现遗有深井一眼，亦名"金井"。县志中称："在县中

图2-2 金井
平遥城内的金井位于城市的几何中心——"天心十道"上，是城市规划建设的基准点，亦即"穴位"，当为城市择址时"相土尝水"的探井。确定了适宜人居住生活的土质和水质后，才能决定城市的基址。古代统称这种探井为"金井"。当地人称"水色如金故名"，恐为不知其故而讹传。

图2-3 市楼/对面页
金井以北，横跨南大街的是平遥城的标志性建筑——市楼。整个建筑造型优美，典雅秀丽，三层三重檐，屋顶覆黄色琉璃瓦，在黄瓦间嵌以绿瓦，组成南"囍"北"寿"字图案。市楼还是城市的控制中心，在城市管理、报时、报警等方面都起着重要的作用。

街下有井，水色如金故名。"以色得名似属偶然，实当为探穴所得之深井，亦作饮水之用。

按照传统观点，一般穴处，其气较盛，寻常百姓人家造化不够，绝对不能占用，只能为衙署、庙堂所居，或立楼塔作震慑之用。实际上，这些地方一般皆为城市的视觉中心或交通要冲，宜设置公共建筑或宗教建筑，若建住宅则显得不够安全和安静。

在金井附近，平遥古城中心建有市楼一座，跨于南大街之上。据记载，市楼原建于明代，现存市楼为清康熙二十七年（1688年）重修。市楼三层三重檐，木构歇山顶，平面呈方形。首层南北向为通道，四角立柱通天，外包砖身，东西各券门一个；二层为一方室，四周环廊，"南向旧塑关帝圣大像妆而新立，北向新塑观音大士像，最上一层则魁光阁为人文观兴之所"。黄绿色琉璃瓦造顶，组成南"囍"北"寿"字样图案，屋脊正中和两端用铁制构件代替琉璃宝瓶和吻兽。市楼外观比例适宜，玲珑秀丽，古朴典雅，为城内最高的建筑，也是城市中心和象征的标志。古人赞云："揽山秀于东南，挹清源于西北，仰视烟云之变幻，俯临城市之繁华。"另外，市楼的建置在城市管理、报时、报警等方面都有着重要的作用。因市楼南面东侧即是"金井"所在，故市楼又称"金井市楼"，过去亦被誉为平遥十二景之一。

三、严整的城市
格局和公共设施

平遥古城的格局以南大街为中轴，市楼为核心，形成"四大街、八小街、七十二条蚰蜒巷"的道路网络。据说由城墙和各大街小巷组成一个庞大的八卦图案，呈龟腹甲纹状，使一个构思巧妙、设计严谨、体形完整的城池，以龟体的形象充分地展现出来。目前城内仍基本保持着明清时期的道路格局。城内的公共性建筑亦恪守左祖右社、文东武西、寺观对置的传统布局形制。全城内原有50余座庙、观、寺、坛、庵、殿、楼、台等各类公共建筑，以十余座牌坊相缀联，秩序井然地分布于古城之中，形成整座古城的控制性景观。

城内的布局有着深厚的文化背景和政治依据，正如清康熙年间《平遥县志》中载："敷土定制，则立城池以为捍卫，有出署以肃临莅，有儒学以宏教化，有堤堰以备蓄泄，有桥梁则往来之道备焉，有堡寨、坊市、村落则防御贸易之法行焉，有风俗则一方之习尚具焉，贞淫见焉。"

衙署为城市之主宰，按传统礼教制度应居于城市的中心部位，即所谓"择天下之中而立国；择国之中而立宫；择宫之中而立庙"。以风水而论，衙署应居城市"正穴"。然而，城市选址大都明堂宽平，亦即城市地形比较宽阔平整，衙署穴位不居城市几何中心，而采取另一种点穴方法："故虽广邈，断有一片高处，即是正穴"。因此城市正穴除在天心十道处外，又有以明堂最高处而论之者。因此则有"京都以朝殿为正穴；州郡以公厅为正穴；

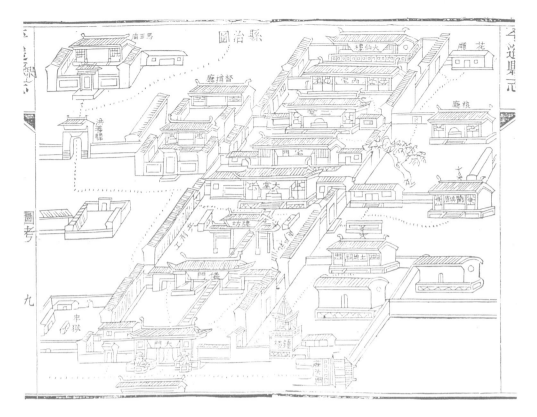

宅舍以中堂为正穴；圹墓以金井为正穴"之说。依南高北低之势，平遥城衙署选址在最高处的西南方，居高临下，一便控制全城，二便防水患。

平遥县署已不存，据县志记载，按明清之制有六进院，建筑90余间，若连东西两院可达200余间。

"国之大事，在祀与戎"（《礼记·察义》）。建城墙，为抵外界的侵扰，立寺庙，以御内心的不安。人类创造了自己的世界，同时也创造了主宰自己命运的神的世界。人们在对世间诸多困苦无能为力的情况下，便借助一

图3-1 县衙署图

平遥县衙署位于城西南地势最高处，居高临下，统控全城。图中所示，包括县官办案的大堂、二堂，各部门的办公用房，以及捕房、监狱、庙宇、宅房、粮库等，充分反映出封建社会政府机关的整套职能。现已全然无存。（摘自清光绪年间的《平遥县志》）

严整的城市格局和公共设施

筑境 中国精致建筑100

图3-2 城隍庙前殿
与衙署成东西对称布局的是城隍庙。城隍除充当一城之保护神外，还担负阴司的主管职能，因此地位很高。相应地，城隍庙的级别也很高。平遥城中的城隍庙现仅存前殿、大殿和寝宫。三大殿屋顶全部用色彩鲜艳的黄、蓝色琉璃瓦覆盖。屋脊上造型优美的琉璃吻兽，依旧光彩夺目。城隍庙是城中最华丽的古建筑之一。

种超自然的力量，取得心灵的寄托和精神的支撑，达到趋吉禳凶的目的。中国民间信奉多神教，寺庙建筑在城市中构成庞杂交融的系统，道教的仙人，佛教的祖师及众多的俗神，都是人们供奉的对象，而且三教九流都可同居一座庙堂之上。这一点也充分反映出中国文化的包容性。寺庙的布局直接影响着城市的总体格局。如果说衙署是物质行为上的统治机构，那么寺庙则是精神活动上的统治机构，两者地位相当，作用互补。

城隍是"剪恶除凶、护国保邦"之神。三国时期即有祭城隍的记载；唐宋以降奉祀城隍的习俗较为普遍；明太祖洪武三年（1370年）又正式规定各府州县设城隍神加以祭祀。城隍既是一个城市的保护神，主掌地方上的晴雨福祸乃至生育大权，而且自唐代以后，又成了地方阴司的主宰，与阳间的地方行政长官地位相当。因此，城市里主要的专政中心是衙署和城隍庙这阴阳两大权力机构，人活着时要受衙署

的统治，死后转阴司则受城隍管辖。在布局上，城隍与衙署也往往呈东西对称之势。

平遥城隍庙建于明嘉靖年间，清同治三年至八年（1864—1869年）重修。现址仅存三进院落，即城隍庙的前殿，大殿和寝宫；西有财神庙，东原有灶君庙，现已不存。庙顶全部用琉璃瓦覆盖，蓝黄色拼成"方胜"图案。鸱吻脊兽造型优美，琉璃烧造工艺水平极高。远远望去，整个殿顶五彩缤纷，光耀夺目。

西大街下西门内路北原有平遥城最大的寺庙集福寺，与东大街的清虚观形成对称布局，素有"东观西寺"之说。现集福寺已荡然无存。

图3-3 清虚观牌坊

牌坊是进入清虚观的第一道建筑物，两柱支撑着挑檐深远的屋顶，并由八字形叉柱稳固。整座牌坊比例奇巧，体态轻盈，上有清乾隆三十六年（1771年）题"清虚仙迹"的匾额。

严整的城市格局和公共设施

筑境 中国精致建筑100

图3-4 龙虎殿内的"青龙"、"白虎"彩塑

龙虎殿为元代所建,五开间,中间为廊道,东西两侧分别塑有青龙、白虎两个金甲武士。左青龙执戟(上图),右白虎仗剑(下图),身体高大,怒目而视,守卫着道家仙观。雕塑为明代作品,体态完好,色泽鲜艳,具有很高的艺术价值。

a

b

图3-5 纯阳宫与三清殿

中院的三清殿是观中最大的正殿，面宽五间，进深十一椽，上起歇山顶。殿前台基上筑有一处卷棚抱厦，即献殿。殿内楼上有吕洞宾泥塑，故名纯阳宫，建于清光绪年间。

　　清虚观是一座全真道教观，创建于唐高宗显庆二年（657年），原名太平观，宋治平元年（1064年）改名清虚观，元代称太平兴国观、太平崇圣宫，清时复称清虚观。传说吕洞宾曾显现于玉皇阁，故有"清虚仙踪"之名，为平遥十二景之一。

　　清虚观始建以来，历代都有修葺，坐北朝南，前后三进，中轴线上自南而北有牌坊、山门、龙虎殿、纯阳宫、三清殿和玉皇阁等。中院布局紧凑，除钟鼓二楼不存外，庑廊、碑亭均保存完整。

　　龙虎殿为元代遗构，是道观中的无极门，面宽五间，进深六椽，四角采用"悬梁吊柱"的奇特结构。中柱一列，分梁架为前后两段，

严整的城市格局和公共设施

筑境 中国精致建筑100

图3-6 文庙布局图

平遥文庙修建年代较早,平面布局以曲阜孔庙为蓝本,其中棂星门、大成殿、东庑西庑等直接得名于曲阜孔庙。清末,城中最大的"学校"——超山书院,建于文庙后。庙前东西两侧各立一座牌坊:"德配天地"坊和"道冠古今"坊,以彰孔子的教化之功。(摘自清光绪年间的《平遥县志》)

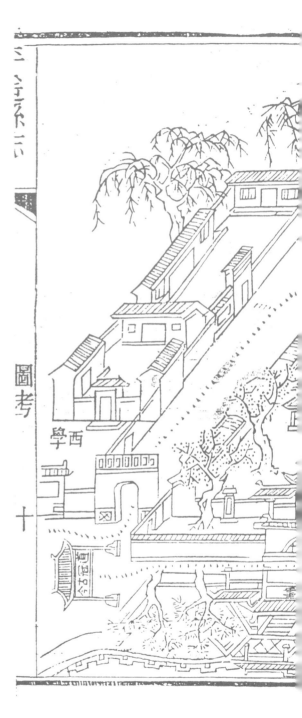

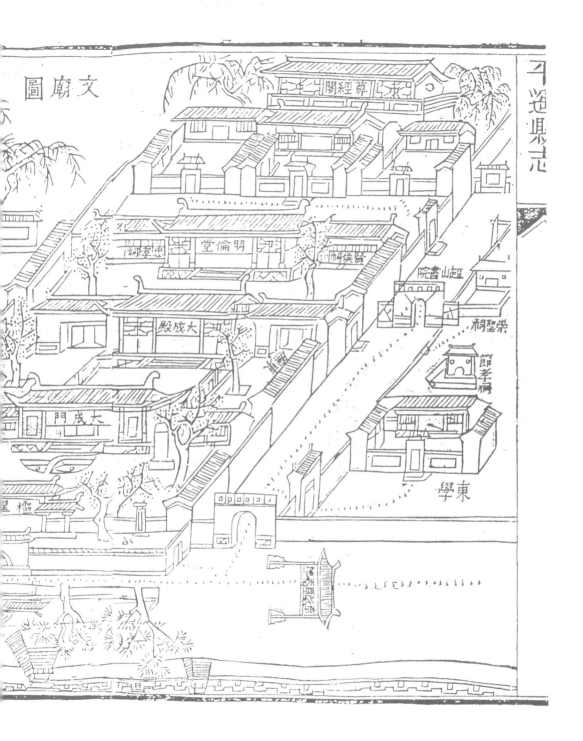

文廟圖

029

图3-7 文庙大成殿

平遥文庙中仅存大成殿和东庑西庑。大成殿重建于金代，距今已有八百三十余年历史，建筑风格仍然保持着唐宋时期的特色。屋顶、斗栱、墙身保持着匀称的比例关系，斗栱雄大，出檐深远。屋顶正脊两端琉璃鸱吻为后世所加，高达2米多，造型华丽，光彩夺目。在我国文庙建筑中，这么古老的大殿实属罕例，具有很高的文物价值。

殿身前后有廊无殿，犹如敞廊之制，明间设门，由此穿行，廊下彩塑"青龙"、"白虎"二像威武生动，是明代佳作。纯阳宫面宽三间，卷棚抱厦，建筑与吕洞宾塑像皆为清光绪年间之物。三清殿面宽五间，进深十一椽，上起五脊六兽歇山顶，结构巧妙，殿宇高大奇特。殿内原有三清真人和二十八宿塑像，现已不存。后院轴线北端原为"高百尺许"、"高插青天"的玉皇阁，现仅存窑洞三孔。

古代城市中规模最大，形制最高，祭祀最隆重的庙宇是文庙，即孔庙。唐玄宗开元二十七年（739年），御封孔子为文宣王，因称孔庙为文宣王庙，后简称文庙。由于儒家学说的倡导，化民成俗，十分注重教育和取仕，因而诸多文化建筑，如文庙、文昌阁、魁星楼、文峰塔、书院等，其选址布局在城市规划建设中占有很重要的地位。清光绪年间的《平遥县志》中载"未几复念天下庙学，往时皆祀文昌，而此邦之祠乃列诸北城上。地师家以辛

图3-8 武庙戏台

与文庙东西对称的是武庙，为文东武西之制，取"文治武功"之意。现仅存中殿、戏台残构。三晋之地常有在庙宇中建戏台的做法，体现出我国古代"神人共乐"的实用主义宗教观。武庙戏台歇山抱厦，蓝黄琉璃瓦顶，体态优美，造型别致。

巽为文明，故郡国之祠多在东南"（《创建文昌阁并凿泮池起云路碑记》）。传统社会中，都有培风脉、纪地灵、兴学校、壮人文、正风俗的观念。尊"学而优则仕"的孔儒之教，规划了一条封建仕途。平遥城在清初曾设卿士书院、西河书院。清末，在文庙后建有最大的书院——超山书院。

文庙建筑群原由三组建筑组合而成，中轴为文庙，左为东学，右为西学，后为超山书院。文庙原为四进院，在中轴线上有棂星门、大成门、大成殿、明伦堂、敬一堂和尊经阁等主体建筑，东西廊庑对称配置。庙前有泮池、云路，完全按曲阜孔庙规格建置。现存的大成殿是文庙的主要建筑，金大定三年（1163年）重修，殿前月台宽广，设有石雕钩阑围护。殿身平面呈正方形，宽广各五间，单檐歇山顶，屋顶琉璃鸱吻高大，造型华丽，光泽夺目，系明代遗物。屋檐下斗栱雄浑硕大，檐柱皆微内倾，角柱略高，有明显的侧脚和生起。屋顶、斗栱、墙身三段尺度和谐，比例优美。大殿平面布局、用柱方法、斗栱结构以及歇山顶檐的形式等，都具有宋代建筑的遗韵，尤其是檐下利用大斜梁代替补间铺作，更是罕见的特例，具有较高的文物价值。

古代城市中，数量最多，功能最庞杂的庙宇属关帝庙。关羽自宋封王之后，经历代统治者加封，明万历年间晋爵为帝，崇为武庙，与文庙并祀。故此在一般城市中，文庙居东，五行属木，五性主"仁"，代表着礼制尊卑观念；武庙居西，五行属金，五性主"义"，是世俗社会中平等和谐的象征。加之关羽被传说集忠、孝、仁、义于一身，所以人们对关帝和武庙的感情更为亲近。这样，关帝也就被赋予了多种神的功能。明清以降，关帝极显，以致被奉为"万能之神"。

平遥城中最大的关帝庙位于城北，南大街中轴线北端，位置显要，惜现已无存。另有与文庙并置的武庙在城西南，原有山门、钟楼、中殿，正殿等，现有戏台一座，中殿一间。尚有一小关帝庙位于东城墙上东门瓮城内，似有"武卫"之意。

四、清代的『银行』——票号

票号又叫票庄、汇兑庄，是在特殊条件下产生的一种专门性的商业金融信贷机构，是我国银行的前身。清中叶，由于各地社会动乱不安，现银运输不便，以办理各地间金融汇兑业务为职能的信用机构——票号应运而生。起初由山西平遥、祁县、太谷一带的商人创办和经营，为各地商人办理埠际的汇款，以后这个行业逐渐发展并为山西人所包揽，业务范围上至官银、军饷，下至商号、私蓄的汇兑，兼营存款和放款，几乎垄断了全国的汇兑业。所以票号又称"山西票号"、"西号"。这些票号总号设在山西，分号遍及北京、天津、汉口、沈阳、上海、成都等全国各大城市及商埠码头；光绪年间达到极盛，业务范围远及日本、南洋、俄、蒙等国家和地区。

山西票号又以平遥票号为最，特别在清末，当时全国最大的票号共有17家，而平遥就占了7家。平遥城内有20余家票号，其中著名的有"日升昌"、"百川通"、"蔚泰厚"、"蔚丰厚"、"蔚盛长"、"百川汇"、"协同庆"等，一度成为全国的金融中心。票号业所获厚利，源源汇入古城，故有"填不满、拉不完的平遥城"之说，也滋养了一大批富商巨贾，繁荣了城市经济。

日升昌是清道光四年（1824年）全国首创的最大票号，其前身为"西玉成"颜料行，创办人是总经理雷履泰，东家是平遥县达蒲村人李箴视。日升昌总号在平遥城内，分号遍及全国各大城市，包办全国各地的公私汇兑，曾以

a

b

c

图4-1 票号匾额

票号为早期银行形式，其经营上仍保持传统商业的前店
后寝式。铺面都临主干道，门面高大华丽，反映出店主
的实力地位。尤其字号匾额更要请名人题写，书法俊
美，构成城市街道上非常重要的人文景观。

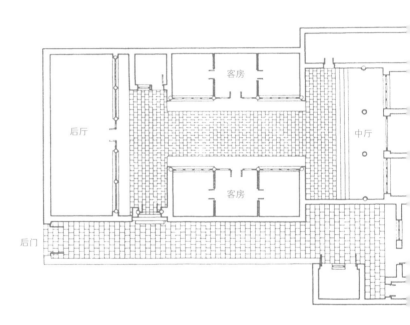

"天下第一"、"汇通天下"而闻名。咸丰、同治年间为其极盛时期；到清末民初，随着银行逐渐兴起，票号逐渐被取代；辛亥革命爆发后，票号也随清政府的灭亡而倒闭。

日升昌铺面建于清咸丰年间，位于城内西大街南侧，坐南朝北，南北长68米，东西宽21米，建筑面积1300余平方米。临街铺面面阔五间，中间是通道，两边为柜台。铺面沿街安厚木板门，台基高筑，气势壮观；屋檐下施彩画，悬挂店名匾。铺面内共有三进院落，院屋第一进

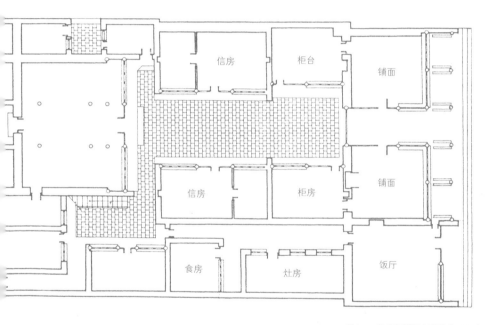

图4-2 日升昌票号立面图和平面布局图

日升昌票号为三进院落，坐南朝北，前店后寝。北面为临街铺面，五对厚厚的门板后面是柜台，中间为进入内院的廊道，里面房屋依次为不同级别的人员使用和居住。东侧小跨院为附属用房和下人住所。

内院平面图文字标注：信房、柜台、铺面、信房、柜房、铺面、食房、灶房、饭厅

清代的"银行"——票号

筑境 中国精致建筑100

东西两侧各有柜房两间。二进为职员住处和客房，东西各三间；正面为中厅三间，为进行汇兑业务的场所。中厅上建有楼房，作仓储使用。紧靠中厅南檐接出半坡顶平房三间，中间为走道，两侧各有一小套间。最后一进是贵宾及高级职员住处。除正院三进外，东侧另有较窄的跨院，有廊道通往南端后门，内设厨房、马厩、马倌住处及其他附属用房等。

整个院落建筑布局考究，功能合理；墙高宅深，饶有气势。另为安全起见，外墙之上都架有铁丝天网，网上系有响铃，临街前后大门一关，可谓万无一失。

图4-3 日升昌中厅
日升昌中厅为进行汇兑业务的场所。檐下悬匾，上书"万宝泉流"，门左右有对联"轻重权衡千金日利，中西汇兑一纸风行"，充分反映了票号的业务范围和特点。

"里"作为一种聚落称谓始自西周，与之相应的还有"闾"，起初都是指乡村的聚落。当时的闾里不仅仅是供人居住，更重要是为了满足田制、军制、税赋等管理方面的需求，因而有确定的户籍编制和严格的管理制度。如《管子·齐政》所载："一道路，博出入，审闾用，慎管键。管键藏于里尉，置闾有司，以时开闭。闾有司观出入者，以复于里尉。凡出入不时，衣服不中，圈属群徒，不顺于常者，闾有司观之，复无时。"从中可以看到闾里的门禁是相当严的，其中的"里尉"即管理人员，"闾有司"实际上就是看门人，负责闾、里之门的开闭，监视出入者，遇有"不顺于常者"要立即向里尉汇报。约在西周晚期，闾里这种乡村的聚落形式连同它的管理制度又作为基本的组合单位，构成较大的城邑，即所谓的闾里制。

城市中的闾里制从西周一直延续下来，到隋初，原来的一"里"改称一"坊"。后来人们便把从里到坊的延续过程统称为"里坊制"。

图5-1 壁景堡总平面图/对面页

壁景堡包括东、中、西三个堡，相互独立，各有南北向巷道一条。堡内，宅院向巷内开门。三个堡巷大门都开在巷南端，北端则建一小庙，其后各有井一眼。东壁景堡宅院都较大，坐北朝南，原为大户人家居住；中、西二堡宅院大都较小，但形式多样。

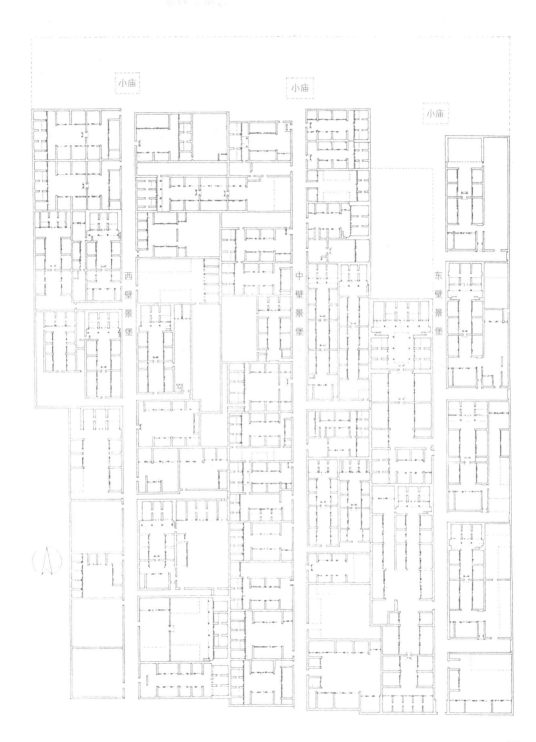

小庙　　　　　小庙　　　　　小庙

西壁景堡　　　中壁景堡　　　东壁景堡

里坊制度的残存——堡

⊚ 筑境 中国精致建筑100

图5-2 东壁景堡大门外观
图为东壁景堡的入口大门，是进出堡的唯一一出入口，原有木制堡门，早启晚闭，并有专人看守，加之堡四周高墙壁垒，安全上可谓万无一失。

图5-3
东壁景堡巷街景/对面页
堡巷内院墙壁立，封闭性很强。宅门的垂花雕饰为街巷增加了一些别样情趣。

里坊制在唐代依然盛行，唐长安和洛阳城就是由若干个"坊"所组成的。一般居民居住的坊设有里正、里卒管理守护，四周绕以坊墙，内有十字相交的街巷，自成一区。一般人家的住宅整齐地排列在街巷的两侧，不能从坊墙直接对外开门。坊门早启晚闭，傍晚街鼓一停，人们就不得在街上通行。这种封闭的里坊制，到了北宋，才由于城市经济发展而被取消，代之以商业街和开放的街巷。然而里坊制的建筑布局形式并没从此销声匿迹，很多村落还保持有里坊制的残余。

平遥县境内的村落，现还多遗留极为封闭的堡寨形式。外观是高大坚实的堡墙，版筑素土夯实，有一座或两座堡门，视堡的大小而定，一般以一个为普遍，设在贯穿堡中的一条大道一端。堡门一般为砖砌拱门，内装门板，定时开启，与早期的里坊管理制度相近，随着社会的发展，这种制度已经不再使用，但仍保持一些里坊制的特点。堡的大小差别很大，大

里坊制度的残存——堡

筑境 中国精致建筑100

到可容纳百余户人家，小的只是一门姓氏中的几户。这种堡的聚落形式虽然是出自安全、防卫的需要，更是社会组织、管理制度的产物。"里坊"作为社会组织的一个基本单位，成为构成更大社会组织形式的基本建筑单元，"里坊"本身就可以看做一个最小单位的城市，城市可以说是里坊的聚合，这是早期城市发展的一条重要途径。平遥城中现在仍保留有极似城外堡的建筑群形式，可以说就是这种社会组织形式的遗留。

位于平遥古城东北角的壁景堡，由东、中、西三个堡组成。每座堡的四周高墙林立，内部实际上就是由一条长巷串联起几座宅院，只有一端巷口开通，设坚实的大门，白天开启，夜间关闭，有专门人员看守，若夜间有陌生人造访，则由看门人通知被访人家，将客人领入，安全上可谓万无一失。巷子的另一端则封闭起来，三座堡的巷子北端都有一座小庙，现都不存，庙后据称有花园，为堡内公共活动场所。中壁景堡现存一段残碑，是记载关于修整小庙的功德碑，记有道光二十八年八月，"观音堂年深日损，阖堡诸公议整理补修，金妆神像"并且记有"堡内观音堂后有井一眼"，可以得知堡的修建至少应在清初，并且是以井和庙作为全堡的聚集中心。从碑上记载的施钱人姓名和堡内住宅的布局修建特点看，可知三个堡都不是同姓一家的大宅院，而是异姓人家聚集而建的，因此维系全堡人和睦相处的精神中心是庙宇而不是祠堂。

图5-4 串心堡（五成寨）外观
平遥城外的村寨仍以堡的形式存在，这些堡大
小不一，堡墙为土筑，远远望去像一座座坚固
的堡垒，遗留有里坊制的烙印。

　　堡巷是南北向的，因此各宅院的主房朝向因宅基的不同而各有差异。东壁景堡所住的都是一些大户人家，各宅规模较大，全堡仅住七八户，正房的朝向都调整为坐北朝南，多建成窑洞，规格较高，很多家带有侧院，供贮存杂物和下人居住。中壁景堡和西壁景堡居住者以小户为多，各有20余座宅院。受基地面积的限制，堡中宅院多为东西向，院落和房间的进深都比较狭小，然而这些小型宅院却可因地制宜，交错搭接，组合而成丰富多彩的空间形式。

六、四合院的风采

平遥民居像国内其他许多地区的民居一样，平面布局为严谨规整的四合院形式。一般的院落包括正房、厢房、倒座、大门、垂花门、影壁等，由此构成一系列院落空间。正房位于宅基最后端，左右两厢对称，轴线明确，主从有序。较为独特的是，平遥民居的正房多为砖拱窑洞（锢窑），有的宅院厢房甚至倒座也是窑洞，而建在正房窑洞屋顶上的风水楼或风水影壁更是别具一格。

四合院的宅门一般位于倒座的左端或正中，常与倒座合而为一，占据倒座的一个开间，形成进深较大的门道。由于处在古城纵横交错的街巷之中，使得房屋的朝向东南西北兼而有之，但一般以坐北朝南者居多，而南向住宅的大门多设在院落东南或正南方位。按照八卦方位而言，称之为"巽门"或"离门"。走进东南巽门，迎面在东厢房的山墙上设有影壁，砖雕精美，檐口基座俱全，还有的在檐下做砖雕斗栱。小户人家仅在影壁上设一小土地龛，富足之家则在影壁上做精美的雕花石刻。正南向为离门的大门，与二道垂花门相对而设，一般在一进院内的垂花门两侧的隔墙上各建影壁，两面影壁上都设小龛，称之为门神府、土地庙，内供神像，用以弥补宅门中开，进入后无影壁作为遮挡的不足，达到视觉心理上的安全感。

院内的垂花门大都造型优美、做工精细。每道垂花门都有两层门扇，除了两侧隔墙间的大门外，内侧还有一道屏门，称中门。平时中

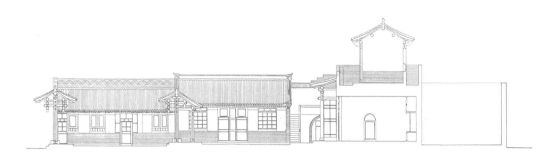

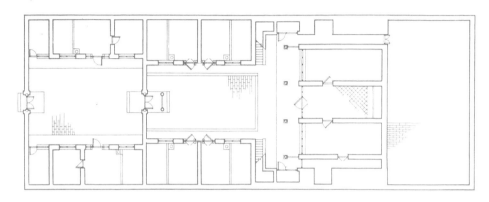

图6-1 平遥一典型四合院立面图和平面布局图

图为一典型四合院布局形式，宅院坐北朝南，院门开在正南方。两进院落，正房为五开间窑洞，前有木构披檐，顶上建一风水楼，两侧有楼梯通往屋顶平台。二进院厢房为"三破二"式，即三开间分作两室。大门和二道门都为垂花门，二道门内设有屏门，即中门，此门只有在重要时刻才打开，人们平时从两侧出入。

四合院的风采

筑境 中国精致建筑100

a

b

图6-2 住宅大门入口处的影壁

上图为仓巷2号住宅门内影壁，房主曾为城中巨贾，宅院很大，建筑级别较高，影壁为石雕"米颠拜石"，檐口、基座皆为石刻，做工非常精美。下图为普通住宅内影壁，最为常见，全部为砖砌，檐口、基座刻画亦细致入微。

门不开，权作屏风，人们以两侧出入。只有在特殊时刻，如婚丧嫁娶或有重要客人造访时，才打开中门迎嘉宾。

在较深的大宅院中，两侧厢房往往由隔墙和垂花门分隔成几进院落，一般愈靠近正房，厢房愈高，进深愈大，这样院落宽度便愈窄，天井愈深。平遥民居厢房的屋顶均为坡向内院的单坡顶，倒座、正房亦常如是。这种单坡顶大都坡度陡、出檐深，对院内空间和外观均有很大影响。

四合院正房一般为五开间，也有部分为三开间的。中间为堂屋，两侧是卧室，再两侧为小开间的贮藏间。堂屋后部多设有祖堂，供案

图6-3 垂花门和两侧的小神龛（张振光 摄）
大门开在宅院中轴线上，进入大门后，迎面的是二道垂花门，并无影壁，而在垂花门两侧隔墙上设两小龛，象征"土地庙"和"门神府"，以弥补无影壁遮挡的缺欠。

四合院的风采

◎ 筑境 中国精致建筑100

图6-4 平遥四合院鸟瞰/前页
一般平遥民居四合院的厢房屋顶为向内单坡，坡度陡，出檐深，使得内庭院空间非常狭窄，封闭性很强。这一点与北京四合院差别很大，更接近云南"一颗印"式住宅的院落空间。

图6-5 正房与厢房
范家街2号宅，正房为五孔窑洞，屋前披檐，木雕精美；厢房为"三破二"式。建筑细部保存都相当完好。

上立有神位。有的神龛做成壁橱状，橱内供神位，关上橱门则是整面墙的木制家具。卧室沿窗设火炕，灶台在卧室内靠山墙设置，若是窑洞，则需常年生火，冬可取暖，夏以防潮。

厢房一般为三开间，房间分隔有两种形式，一种是中间设屋门，屋内或为一整间，或隔成一明两暗三小间；另一种是"三破二"形式，即三开间分作两室，各有对外的屋门。若是多进院落，则厢房也有多重，越靠近正房的厢房，级别形制越高。一般正房院内的厢房为"一破二"的形式，而靠近倒座的厢房则在中间开门。在有倒座的院落中，倒座多为五开间，两端的开间较窄，一般是右端为贮藏或厕所，左端为大门门道。

狭长的平面布局，陡峭的单坡屋顶及锢窑的构造形式，大体限定了平遥民居的空间序列、空间形态乃至局部空间或构件的比例和尺度。这些实质的因素与当地的生活方式、家庭

图6-6 带风水楼的正房窑洞

在坐北朝南的窑洞式正房屋顶正中，一般都建
一小屋，称为"风水楼"。且不论其实际效用
如何，至少起到丰富院内屋顶轮廓线的作用。

四合院的风采

◎筑境 中国精致建筑100

伦理、风水观念和其他民俗习惯的共同运作，构成了平遥民居独特的艺术魅力。

一般说来，平遥民居从入口到正房形成一个完整的空间序列，与北京四合院大致相仿，但也有其独具特色的地方。首要的不同之处在于院落的形状和尺度。随着空间的深入，从入口到正房不仅院落宽度变得越来越窄，两侧厢房的高度也逐渐增加，院落空间愈加内聚封闭。四面围合的单坡屋顶使这种趋势得到加强。

图6-7 窑洞门前的披檐
宅院进深较窄，正房窑洞前无法建前廊式披檐，因地制宜地建了一间小门廊，比例修长轻巧，与深厚的砖窑洞形成鲜明的对比，增强了院内空间的亲切感。

图6-8 宅院外观

平遥民居充分体现出"外雄内秀"的特点，与院内空间轻巧、细腻的性格相比，住宅外观则越显高大、厚重。宅院对外一般不开窗；带砖雕门头的大门是家人出入的正门，而旁边的拱形大门则是侧院供车马使用的出入口。墙顶部的砖砌图案略微减少了外观的沉闷感。

对于单坡顶的厢房和平顶窑洞的正房来说，厢房与正房的高度相差无几，甚至高出正房。尽管窑洞前的披檐增加了一些高度感，正房仍显得与其地位不相称，屋顶平台上的风水楼和风水影壁的设置则弥补了这种空间视觉上的缺陷。

院落空间的形状与尺度限定了局部空间和构件的比例尺度，是构成平遥民居独特之处。如垂花门比例修长，屋顶高悬，出檐深远，显得格外轻盈挺秀。门两侧由流畅、优美的山墙曲线和墙垣拱卫着，突出了垂花门的主导地位。另有一些局部的处理，如正房窑洞前的门廊披檐，比例修长得出乎意料，如此的比例和尺度在狭长而封闭的院落中却又显得那么协调，充分显示出地方工匠的高度智慧和工艺水平。

图6-9 垂花门式大门/前页

这种住宅一般基地面积较小，宅内为一进院落，所以垂花门直接对外。精美的木雕垂花门夹在两厢优美的屋顶曲线之间，形成别致的构图效果。

与紧凑、秀丽的内部空间形成鲜明对照的是堡垒般的外部造型。梁思成先生曾形容为"外雄内秀"。平遥民居的厢房一般为单坡顶，屋架高度与同样进深的双坡顶相比无形中增加了近一倍，而且往往在单坡屋脊之上再筑砖墙，使得外墙总高度常达七八米。此外，墙上对外很少开窗，外观显得单调而压抑。然而民居中丰富多样的大门，外墙起伏多变的轮廓线，却又在某种程度上削弱这种感觉。"门为一宅之主宰"（《阳宅正宗》），宅门形式可以看做家庭的社会地位、财富权势的象征，因此平遥民居大门的丰富形式也是其显著特征之一。至少有这样几种大门，诸如：拱券大门，一般较宽，供车马出入，门上方或有两搭，雄浑中透出轻巧；门廊式大门，为倒座的一个开关，一般狭窄而幽深；还有砖雕大门及很多的用于外门的垂花门等。民居外墙的轮廓线也随着内部结构和内部空间的变化而自然起伏。为了起到丰富街景的作用，外墙顶端还往往砌有花格图案。

七、冬暖夏凉的
锢窑

穴居是中国古代最原始的居住形式之一，据梁思成先生推断，山西境内的地上砖窑（锢窑）是从远古的穴居演化而来的。为适应气候的变化，我国古代曾有过"冬居营窟，夏居橧巢"的居住方式。"营窟"就是在地下挖洞作为居住之用，起到保温御寒的作用。人们现在所居住的地上建筑，当有一个从地下洞穴，到半地下，再到地上的逐渐发展的过程。但是，地下洞穴并没有因此而绝迹，现存于陕、晋、甘、豫等地区的窑洞式民居，就一直以穴居的形式存在并得到发展和完善。这几个地区的窑洞建筑形式大致可以分为地下土窑、靠崖窑、半地下拱窑以及地上拱窑诸种。平遥民居的窑洞属于最后一种。

现存于平遥旧城内的民居，根据宅内窑洞情况可以分为四种类型：最普遍的一种是正房为窑洞，前脸加披檐柱廊，厢房倒座均为单坡木构的住宅；第二种即正房和厢房均为锢窑的住宅；第三种正房、厢房及倒座全部是窑洞，恰如地下窑洞四合院向地面的转移，但这种宅型为数甚少；另外一种则是所有用房都由砖木结构建造，全然不用窑洞，这种类型住宅的数量也较多。

图7-1 通往屋顶的楼梯/对面页
正房为窑洞的住宅，两厢山墙端都有通往屋顶的楼梯，楼梯下面券形小室为厨房或用于贮藏。也有宅院只建一部楼梯。

图7-2 窑洞屋顶平台

窑洞屋顶砖砌平台，作为休憩、晾晒之用，上
面一般建有风水楼或风水影壁。仁义街4号宅
一屋之上建三个影壁尚属罕例。

一般锢窑的做法是：墙体内外各砌一皮砖，中间填碎砖石，并用素土夯实，这样墙体可厚达一尺余。窑顶用支模板砌砖券方法建造，券顶中间的一排砖称为"合龙口"，如同木构建筑安放大梁时要举行的"上梁大吉"仪式一样，"合龙口"也标志着一座锢窑关键工序的完成，也要举行隆重的合龙仪式，以预祝主体建筑的顺利建成，并感谢工匠们的辛勤劳作。拱券以上填土夯实，预留水道，窑顶用平砖墁砌找坡至出水口，最后砖缝抹灰，这样屋顶的厚度可达二三尺厚。这样建造起来的锢窑室内顶棚也为拱形，其保温隔热性能也与地下或靠崖窑洞相差无几，冬暖而夏凉。但是，这种地上的锢窑，比土窑具有更多的优越性。由于是建在地上，锢窑的通风采光很好，院内排水容易，没有被水淹的危险，夏季也不像地下窑洞那么潮湿。更重要的是，锢窑不像地下或靠崖土窑那么过分地依赖自然，因而可以不受地质和地形情况的影响而可以普遍修建。因此可以说锢窑既保持了一般窑洞冬暖夏凉的优点，同时也克服了土窑洞的缺陷，是窑洞住宅中发展较为完善的形式，因此在平遥得以广泛采用。

　　平遥民居正房的窑洞，一般是三孔或五孔，三孔窑洞中间为堂屋，两侧为卧室，与普通的"一明两暗"住宅布局相同。五孔窑洞布置只是两端增加两孔，一般开间较窄，仅供贮藏使用，或作为通往后院的门道。窑洞顶部平台，可供晾晒或休息使用，在正房和两厢间隙中设楼梯通达屋顶平台。若厢房或倒座皆为窑洞，则平台间可以相互连通。平台墁砖找坡至排水孔，这样屋顶上的雨水就可以通过窑洞两侧楼梯内的暗道经排水孔排至院内。另一种排水方法是屋顶的排水孔由铁制排水管从窑洞前披檐下挑出，将雨水排至院内，地面雨水落点处铺石板，防止落水对地面的冲蚀。一般情况下，在正房窑洞前加设木构披檐柱廊，以防风雨日晒，同时柱廊上精美的梁、枋、雀替、卷云等木装饰，减少了砖窑洞的冰冷感，为宅内增添了细腻温馨的生活情趣。

　　锢窑的拱券制作精良，曲线优美，技术成熟。有很多砖木结构的住宅，也在前脸做成窑洞状，券内安窗，外观与锢窑无异，足见窑洞形式备受人们的青睐。除此以外，这种成熟的拱券技术在住宅的其他部位多有所见。如最常见的拱券大门，在室内利用厚墙做拱形的贮藏室，在室外通往屋顶平台的楼梯下做半拱形厨房，在空间转折处做十字拱，等等。

八、独特的风水楼

独特的风水楼

◎筑境 中国精致建筑100

平遥民居屋顶上的风水楼基本上是根据风水"理气宗"的"九宫飞星"法设置的，其方法要旨是借助风水罗盘，在选定的宅基上，安排宅中的"三要"（门、主、灶）、"六事"（门、路、灶、井、坑、厕）。其理论要旨是以天之九星（北斗七星加左辅右弼）、地之九宫（八卦宫位加中宫）的交互感应为宗，将宅基按洛书九宫划分，依据后天八卦确定宅门（称伏位）及其他各部分房间的座宫卦象，并以宅门（伏位）为基准，在宅内各宫位顺布九星（实际七星、左辅、右弼暂不用），根据各座位卦象与伏位卦象的五行生克关系来判断宅中各部位之吉凶。然后，再依其吉凶程度的大小来确定住宅各部分形势之尊卑大小及功能使用。一般来说吉地宜建高大壮实的主房，凶地则应为低矮的附房。在平遥，随处可见的风水楼和风水影壁一般建在吉方、旺方的主房屋顶平台上。如正南离门、东南巽门的宅屋，风水楼多居中建在北部坎方的主房屋顶上。由于井

图8-1 "坎宅巽门"卦形分布图

在四合院住宅中，以坐北朝南，东南方开宅门的宅型最为普遍，称为"坎宅巽门"。这种宅型以宅门为伏位，确定其他七个方位的吉凶。正北主房为上吉，若建风水楼则建在主房正北方。而西南方位为大凶，一般在此处修厕所。

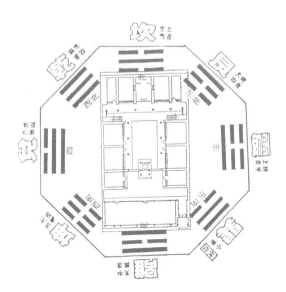

图8-2 窑洞屋顶上的风水影壁

在窑洞的屋顶上建风水影壁,其设置方法和目的与风水楼是相同的。图为正房在南、宅门在西北的"离宅乾门"。正房大吉位在西南方,因此风水影壁也建在此处。

独特的风水楼

筑境 中国精致建筑100

a

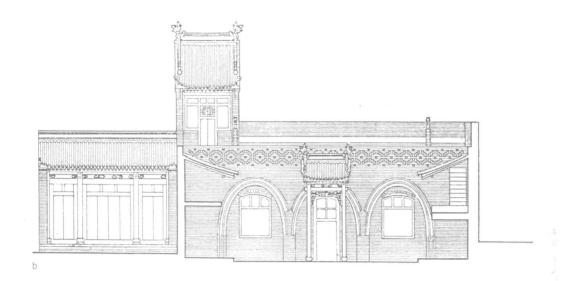

b

邑之宅与旷野之宅不同，受城市道路限制，难免出现非南向的主房，宅门也可能偏位，因此会产生风水楼或风水影壁不是位于主房正中，而偏于一侧的位置。如主房为坐东朝西的震宅，开正北兑门、西北乾门，根据大游年法分布吉凶，则正东方位为凶而东北方位大吉，因此，此类住宅的风水楼都建于正房的东北角。这种神秘的相宅之法，纳天光地气于一庐，综合了天之时间流变，地之空间方位，宅之吉凶与人之祸福等多种因素，有自己一套完整严密的逻辑关系，似乎不能一言"迷信"以蔽之，其内涵实质尚无可考。从民俗信仰的角度来看，也是传统民居中具有普遍而深刻影响的传承现象。如北京四合院的形制一般坐北朝南开"巽门"（东南），厕所必于西南角（五鬼凶位），也是基于同一原理的。如果回避这一传统观念的存在与影响，而仅仅以当代相关的建筑理论去分析、诠释传统民居，是无法揭示并把握其深层文化内涵的。同时这种风水楼和风

图8-3a,b 正房上偏位的风水楼外观与立面图
这一宅型坐东朝西，大门开在正西方，为"震宅兑门"，以西为伏位，则主房正东为大凶，而主房东北方为上吉，因此风水楼建在主房东北一隅，以"趋吉避凶"。

水影壁，在城市空间的创造上也起到了丰富天际线的作用。而这些风水楼或风水影壁都建在正房窑洞的屋顶平台上，对于那些主房为木构坡顶的住宅，则在主房正脊中央建一小龛，充作同等功能的精神构件。

民居中受风水理论影响的因素很多，透过那些玄奥甚至荒诞的解释，可以认识到其合理内核之所在。如民间称建影壁是为了避鬼，因为鬼只能走直线，或曰："吉气曲，煞气直。"其实不光"鬼"走直线，世界上多数事物均遵循这一原则，走直线是一种最简约、最经济的运动方式。故此，人走直线，盗贼走直线；光走直线，风走直线；人的视线则更是不能转弯的。在住宅入口转折处建一堵墙，增加

图8-4 正脊上的小风水楼
有些民居正房为砖木结构，坡屋顶，无法建风水楼，便在正脊上砌筑一小龛，权当趋吉避凶的构件，以起到风水楼的作用。

了运动阻力，它使人的步伐变慢了，贼也胆怯了，鬼也踌躇了；风变柔和，街上投来的视线及各种喧闹噪声也被"反射"在外了。为安居起见，人们不仅需要实体的墙和房屋来抵御自然的侵害，而且需要"神灵"去对付各种不测以及他们所无能为力的任何恶势力的侵袭。在平遥民居中，许多影壁上设有很小的土地庙，神和墙共同保护居者，共同抵御实质上的、心理上的各种各样的侵害。

此外，在住宅的某些关键部位，如路口直冲的地方均设一"精神构件"——泰山石敢当。利用石块做镇物，当源于远古时期对石的崇拜和信仰。唐以前就有石敢当的使用，"宋王象之《舆地碑目记》：兴化军有'石敢当'碑。注云：庆历中，张纬宰蒲田，再新县治，得一石铭，其文曰：'石敢当，镇百鬼，压灾殃，官吏福，百姓康，风教盛，礼乐张。唐大历五年县令郑押字记'。令人家用碑石书曰'石敢当'三字镇于门，亦此风也。按此则'石敢当'三字刻石始于唐"（清俞樾《茶香室续钞》）。至于石敢当上又加"泰山"二字，当与历代皇帝泰山封禅有关。泰山成为我国名山中最受推崇的，泰山之石，更不同凡石了，"泰山石敢当"更无所不当。至于民间关于"泰山石敢当"源由及灵验的传说更是不胜枚 举的。当然从城市空间创造上看，这些构件并不因其形式上的神秘而失去其应有的空间暗示力，反而恰恰揭示了所处空间位置的重要意义，这是我们理解民居空间特征的一条极为重要的线索。

九、精美的
装修工艺

精美的装修工艺

⊙筑境 中国精致建筑100

图9-1 精美的木雕

平遥民居垂花门的木雕精细传神，花饰精美，
不施彩画，显得非常朴素雅致。跑马板也精雕
细刻优美的吉祥图案或民间故事。

图9-2 民居匾额

在平遥民居的大门和垂花门檐下，都有木制匾额，书法精美，做工精细，内容颇具文采。中壁景堡6号宅门匾额上有明末清初山西籍著名书画家傅山手书"安乐屋"，是珍贵的艺术精品。

平遥民居外雄内秀的性格特征，主要是宅外壁立的高墙和院内精美的木雕、砖雕、石雕等饰物所形成的鲜明对比中表现出来。这些装修工艺充分体现出当地工匠深厚的艺术素养和高超的技术水平。尤以垂花门的做工最能表现出平遥民居中装修工艺的特点。大门上的木雕精细传神，有的做小巧的斗栱，出挑做成卷云的式样，木构件上都雕有花饰，不施彩画，更显得朴素雅致。屋顶砖雕的脊兽和门前左右两只石雕小狮子都刻画得细致入微。檐下匾额更是书法精美，做工精细，且颇具文采，如"霞蔚"、"崇实"、"乐天伦"、"绳祖武"等，大多宣传忠厚家风，表达心愿，激人上进的词句，反映出居住人家的道德追求和价值取向。

平遥民居的屋门窗的造型和使用方法颇为独特。屋门一般有大小二扇，大扇不可开启，有上下两轴固定在门框上，只有在做红白喜事时或有大宗物体出入时，才将此门卸下。大门之上又开单扇小门，供平时出入使用。小门外开，下半部分为门板，上半部分为棂格。出于保暖、防尘及防盗等多方面的考虑，窗子做成三层，最里一层为门板状，向内双开；外层为棂格扇，向外双开，这两层窗都有轴和枕。中间窗则为死扇棂格。所有的窗格都做成丰富多彩的吉祥图案或图形，层层门窗做工细腻，精巧，与窑洞实墙构成鲜明对比。

另外，一般窑洞前的木构披檐也做得很精美，在没有披檐的窑洞前脸，则以精美的砖雕

图9-3 民居屋门

为了与砖砌窑洞形成鲜明对比，屋门棂条纤细，图案精美。门扇分大小两扇。大扇由门轴固定，一般不开启，需要时可将此门卸下；小扇作为平时出入使用，在便利和安全方面都有独到的考虑。

图9-4 民居的窗
同屋门一样，窗的图案和工艺也非常精致。窗有三层，里层板状窗扇向内开启，封闭性很强；外层棂格窗扇向外折开，有利于遮风蔽雨；而中间固定的格扇为日常采光用。

为装饰，同样起到削弱窑洞笨重感的作用。宅内的砖雕大到一座门楼或影壁，小到一座屋顶脊端的小兽，乃至烟囱帽、小土地龛、硬山墙上的悬鱼饰物等都是精心刻画之处。

在平遥民居中，还有很多石雕饰物，如大门前的上、下马石、拴马桩、抱鼓石、石狮子、柱础、石敢当，以及通往正房窑洞屋顶平台的楼梯栏板等。这些精美、丰富的木雕、砖雕、石雕装饰物，都给封闭的内院空间注入了温馨、细腻的情感。

更值得一提的是著名的平遥推光漆家具。推光漆器源远流长，可追溯到商周，历经春秋战国，已初具雏形，到汉唐已形成独特风格，

精美的装修工艺

◎筑境 中国精致建筑100

a

b

图9-5 披檐雀替

正房窑洞前一般建有木构披檐，柱上的雕花雀
替是宅院内最精美细腻的木雕艺术。简单的刻
有花纹卷云图案，复杂的有动植物乃至历史故
事图案，木雕剔透，工艺精湛。

a

b

c

d

图9-6 砖雕

平遥建筑上的砖雕装饰构件更是丰富多彩。如砖雕大门仿木构，檐口、斗栱、垂花柱俱全；屋脊端小兽，翘首朝外，仰天长啸；山墙上的砖雕悬鱼雕成优美的花饰图案。

精美的装修工艺

筑境 中国精致建筑100

图9-7 石雕

平遥城内的石雕艺术随处可见，异常精美。常见的廊下柱础、门前抱鼓石和拴马桩等，都凝结着当地工匠的智慧和汗水。

图9-8 推光漆家具

平遥推光漆家具历史悠久，中外驰名，最大的特点是造型华丽考究，漆面光洁如镜。虽经历百年沧桑，其风韵不减。

到明清发展到鼎盛时期，其产品已经名满中华，蜚声海外。推光漆工艺的主要特色是利用我国特有的大漆，经八九道制作工序后，手工推光，即成推光漆，再经描金彩绘，或刻灰雕填、镶嵌等工艺，装饰以花鸟鱼虫、山水楼阁、人物故事等丰富多彩的纹样图案，最后按不同的规格品种，安装铜制饰件。平遥推光漆家具，用料考究，工艺独特，造型华丽，线条流畅，漆面光洁如镜，熔实用与艺术于一炉。

十、城外的古迹

图10-1 镇国寺天王殿

天王殿为元代所建，三开间，单檐悬山顶，保持着早期木构建筑的一些特点。殿内有天王像四尊，工艺精美，栩栩如生。大殿两侧为东钟楼、西鼓楼，钟楼上有金皇统五年（1145年）铸铁钟一口，形制古雅，工艺别致。

平遥县内现存的古迹有70余处，重要的除城内的清虚观、文庙、城隍庙外，城外还有镇国寺、双林寺、慈相寺、惠济桥等。其中镇国寺和双林寺为国家级文物保护单位。

镇国寺在距县城东北12.5公里的郝洞村北，为五代时期的遗构，明代曾修葺，原名京城寺，明嘉靖十九年（1540年）改为镇国寺。寺庙坐北朝南，分前后两进院落，禅堂斋舍在寺院西侧。寺前院有天王殿，两侧有钟鼓楼，东西有碑廊及三灵侯、财福神殿、二郎、土地堂等。后院左右两厢配罗汉、阎王二殿，最后为双层的三佛阁。万佛殿居中，为寺内主体建筑，平面呈方形，面宽、进深各三间，其形制仍依唐风。歇山式屋顶，出檐深邃。前后设门道，可以穿殿而行。殿内无柱，六椽栿通达前后檐外，其上梁架叠置，构造严谨。柱上斗栱七铺作，双折双下昂，重栱偷心造，斗栱总高约为柱高的十分之七。三开间殿宇使用如此庞

图10-2 镇国寺平面布局图/上图

镇国寺为两进院落，沿中轴线建有天王殿、万佛殿、三佛楼三座大殿。两厢配殿分列两侧，加上钟、鼓二楼，除山门不存外，为严整的伽蓝七堂式庙宇布局形式。

图10-3 万佛殿/下图

万佛殿始建于五代北汉天会七年（963年），已有一千余年的历史。大殿面宽、进深各三间，规模不大，形制甚古，唐风犹存。歇山屋顶，斗栱雄大，出檐深远。据现有资料推定，在我国现存最古老的木构建筑中，建造年代名列第七，具有珍贵的历史文物价值。

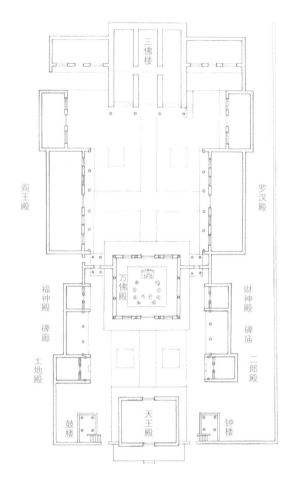

图10-4 双林寺山门/上图

双林寺周围有高墙围护，山门也如同城门一样，门洞上有数个垛口，似作守卫之用。

图10-5 双林寺大雄宝殿/下图

此殿为明景泰年间重修，五开间，歇山顶，体形端庄。内塑三世佛、二弟子、二金刚和胁侍菩萨等，为明清时期雕塑。

筑境 中国精致建筑100

大的斗栱，在我国古建筑中是颇为罕见的。殿内佛坛宽敞，坛上设置彩塑十一尊，正中设须弥座，上塑释迦佛祖坐像，旁立阿难、迦叶二弟子，再为二菩萨、二供养菩萨、二供养童子、二天王。造型各异，体态优美，古雅端庄，艺术价值很高，虽经后人重修，但躯干、衣饰、神采，仍不失五代原作神韵。

双林寺位于县城西南6公里的桥头村北，北魏初建，原名中都寺，其地本为中都故城所在，因之得名。该寺重建于北齐武平二年（571年），北宋以后，人们根据佛教创始人释迦牟尼"双林入灭"之说，改名为双林寺。现殿宇为明代遗构，分东西两部分，西部为庙院，东部为禅院、经堂。庙院有高墙围护，看似堡寨，实则佛寺。寺前山门略如堡门之制，砖洞上设置垛口数个，似为防守之备。寺内殿堂十座，布列有序，保存完好。前后三进院落，中轴线上依次为天王殿、释迦殿、大雄宝殿和娘娘殿。释迦殿两侧建钟鼓二楼，中院东西为千佛殿和菩萨殿。前院左右为罗汉殿和阎王殿。除大雄宝殿外，各殿皆无斗栱挑承屋檐，结构合理而规整，属我国明、清大式建筑之制。

各殿内除局部地方有少量壁画，大部分由彩塑组成，造像总数达两千多尊。雕塑形式有浅浮雕、高浮雕和圆雕，还有悬塑和壁塑。其内容既有佛祖、菩萨、天王、神将，也有凡间世俗人物；既有楼台亭榭各类建筑，也有山水云石花草树木。这些数量巨大、内容庞杂的彩

a

b

图10-6 双林寺彩塑

双林寺内的彩塑内容丰富，造型生动、技艺娴熟，为明代雕塑艺术珍品，具有很高的艺术价值。上图为释迦殿四周墙壁上的佛祖生平故事群塑，共计有人物二百多尊，建筑、园林、山石、鸟兽，林林总总，栩栩如生。下图为菩萨殿中的千手观音像，体态优美，色泽鲜艳，具有强烈的艺术感染力。

图10-7 慈相寺塔
现塔重建于金天会年间
（1123—1132年），平面
为八边形，九级砖构。塔每
面都施平坐，檐下雕有斗
栱，出檐叠涩收杀。每层东
西南北各设券门一道。底层
筑周围廊，正南入口处凸出
抱厦三间。

塑，统一协调地安排于十座殿堂之中，井然有
序。这些雕塑个个精彩入神、造型生动，艺术
价值极高，均为明代艺术珍品，俨然是一座古
代彩塑博物馆。

慈相寺古名圣俱寺，坐落在平遥县东北
15公里冀郭村北。初建于唐代，宋皇祐三年
（1051年）改为现名。寺内有一圣水泉，据传
可以治疗眼疾。现存寺内大殿和寺后麓台塔仍
为宋金遗物。大殿面阔五间，进深五椽，斗栱
整洁，结构简练，形制手法古朴。殿内塑像虽
经明代重妆，躯体衣褶尚存宋金风格。

麓台塔，也称冀郭塔，位于慈相寺大殿后

正中位置。初建于宋庆历年间（1041—1048年），塔高三百余尺，又名麓镜台。宋末遭毁，金天会年间在旧址上重建。塔平面呈八角形，为九级，高48.2米，系砖石结构。下砌台基，底座直径22米，周筑围廊，正南面入口处凸出抱厦三间。塔内有踏道，第一层呈螺旋式台级，其余空心作，置木梯攀缘而上。登塔远眺，极为壮观。

寺内现存宋代石碑，为研究寺史沿革的重要依据。

惠济桥，坐落于古城下东门外的0.5公里处的惠济河上，因桥体由九个券孔组成，故亦

图10-8 惠济桥

现桥为九券孔桥，又称"九眼桥"，始建于清同治八年（1869年），于光绪四年（1878年）竣工。桥基下还有一座九孔桥，因泥沙淤积而不见，这种桥上架桥的做法实为奇特罕见。此桥结构坚实，现仍承担重要的交通疏导功能。

称"九眼桥"。此桥初建于康熙十年（1671年），为一座石拱五券孔桥。后又将五孔桥向南增筑为九孔，并沿河栽植槐柳。随着时间的推移，河内泥沙淤积，桥洞愈矮，以至水满桥面交通受阻。于同治八年（1869年）以原桥顶为基叠架一座九孔桥，这种由上下双层九券孔叠座而成的桥上之桥，实为罕见。后来下面的桥体为河泥所湮没。

初建桥时，尚在河北岸建惠济庵、河神庙各一处（现都不存），加之堤柳成荫，风景秀丽，使得"河桥野望"也成了平遥十二景之一。

平遥县主要重点文物保护单位

名称	修建年代	地点	级别	特点
城墙	明洪武三年（1370年）	平遥城	国家级	目前国内保存最完整的城墙之一
镇国寺	五代北汉	郝洞村北	国家级	万佛殿建于五代时北汉天会七年（963年）
双林寺	北齐武平二年（571年）	桥头村北	国家级	明代彩塑
文庙大成殿	金大定三年（1163年）	城内东南	省级	具唐宋遗风
慈相寺	金	冀郭村东	省级	大殿与麓台塔为宋金遗构
清虚观	元	城内东大街	县级	完整的清代建筑群
市楼	清	城内南大街	县级	造型优美，保存完整
城隍庙	清同治三年至八年（1864—1869年）	城内东南城隍庙街	县级	琉璃艺术
惠济桥	清同治八年至光绪四年（1869—1878年）	城下东内外	县级	九孔石桥两层相叠
白云寺	明	梁家滩村	县级	明清建筑50余间

此外，城内外尚保存县级文物70余处，包括庙、观、寺、庵、墓、塔、殿堂、戏台以及票号、民宅等。

城墙历代修筑情况

朝代	年号	公元纪年	修建内容（见载清光绪年间的《平遥县志》）
明	洪武三年	1370年	重筑周围十二里八分四厘，崇三丈二尺，濠深广各一丈，门六座，东西各二，南北各一。后建敌台窝铺四十座
	景泰初年	1450年	知县萧重修
	正德四年	1509年	修下东门瓮城，又筑附郭关城一面
	嘉靖十三年	1534年	因河冲城角
	嘉靖十九年	1540年	举人雷洁、监生任良翰督率筑完，得免寇患
	嘉靖三十一年	1552年	又修西北二面，厚七尺，高六尺，筑北门瓮城
	嘉靖四十年	1561年	又加高南城六尺
	嘉靖四十一年	1562年	因寇犯边，急砌砖墙，更新门楼，各竖匾题，士民颂德，立碑于县仪门外左
	隆庆三年	1569年	增敌台楼九十四座，俱用砖砌，仍于六门外创吊桥，立附城门，金夫防守
	万历三年	1575年	用砖石包城四面，视往倍固
	万历五年	1577年	广植林于四壕，修葺圮坏
	万历二十二年	1594年	修筑东西瓮城者三，皆以砖石。自是金汤巩固，保障万年矣
清	康熙二十三年	1684年	补修屹然完固，共计城墙二十五丈，城垛一百二十三堞
	康熙三十五年	1696年	补修南门瓮城二丈
	康熙三十六年	1697年	补修下东门北外城小楼一座，补修上东门外南城六丈余
	康熙三十七年	1698年	补修北城四丈余
	康熙三十九年	1700年	补修西城二丈余

朝代	年号	公元纪年	修建内容（见载清光绪年间的《平遥县志》）
清	康熙四十年	1701年	补修上东门瓮城
	康熙四十一年	1702年	补修北面城二丈余，小城楼一座
	康熙四十二年	1703年	补修南外城二十余丈。皇上西巡，大驾经过，修建四面大城楼
	康熙四十三年	1704年	补修南外城三十五丈
	康熙四十四年	1705年	补修上东门大门楼并门洞
	康熙四十五年	1706年	沿城植槐柳
	道光三十年至咸丰六年	1850—1856年	兴工东西北五门，悉仍旧基补筑，惟南门高加数尺，四隅敌楼亦较旧制高广之，其余照旧数重建之。环城挑濠深如旧度而加以宽，砌石桥七道。又于下西门北面添修水闸一道，于各城外置灰厂一处，沿濠栽植杨柳
	同治六年	1867年	六城上增建炮台各一座，每置大石炮三尊
	同治十三年	1874年	将西城濠疏浚之
	光绪六年	1880年	疏沦北面城濠，自是金汤永固，保障万世矣

平遥十二景

名称	地点	历史记载	保留状况
贺兰仙桥	城内县治东	旧传有贺兰仙子过此	无存
市楼金井	城内南大街	楼高百尺，井内水色如金	保留
凤鸟栖台	城内西大街	旧有凤栖其上。明万历时，知县	无存
	县治西北	杨廷模砖砌围墙，建一亭，东西房各一，植梧桐数十株，曰凤凰亭	
于仙药迹	超山	古有于仙修道超山，浚池引泉制药，病者饮之即瘥，水味如橘	
源池泉涌	县东南，西源祠村	旱祷辄应	
婴溪晓月	县东、南依涧乡	红轮西坠，涧中犹有光映	
超峰晓月	超山	峰顶嶙嶒，月上如画	
麓台叠翠	麓台山	奇峰迭出，翠秀可爱	
清虚仙迹	城内东大街清虚观玉皇阁上	康熙辛未，吕仙来游，因题五字于柱上，倏忽不见，字画绝奇	保留
书院弦歌	城内照壁南大街	西河书院诵读之声不绝，午夜灯火犹如燃藜，为人文之胜	无存
河桥野望	城东惠济桥	惠济桥成环城植柳，春秋登眺，烟光如画	保留
仙观古柏	东胡村	有柏苍古奇怪，不可方物，因以仙名	无存

图书在版编目（CIP）数据

古城平遥／宋昆等撰文／摄影.—北京：中国建筑工业出版社，2014.6
（中国精致建筑100）
ISBN 978-7-112-16629-9

Ⅰ.①古… Ⅱ.①宋… Ⅲ.①古城–建筑艺术–平遥县–图集 Ⅳ.① TU–092.2

中国版本图书馆CIP数据核字（2014）第057552号

©中国建筑工业出版社

责任编辑：董苏华 张惠珍 孙立波
技术编辑：李建云 赵子宽
图片编辑：张振光
美术编辑：赵 清 康 羽
书籍设计：瀚清堂·赵 清 周伟伟 康 羽
责任校对：张慧丽 陈晶晶 关 健
图文统筹：廖晓明 孙 梅 骆毓华
责任印制：郭希增 臧红心
材料统筹：方承艺

中国精致建筑100

古城平遥

宋 昆 张玉坤 撰文／摄影

中国建筑工业出版社出版、发行（北京西郊百万庄）

各地新华书店、建筑书店经销

南京瀚清堂设计有限公司制版

北京顺诚彩色印刷有限公司印刷

开本：889×710毫米 1/32 印张：3 插页：1 字数：125千字
2016年6月第一版 2016年6月第一次印刷
定价：48.00元
ISBN 978-7-112-16629-9
　　（24380）